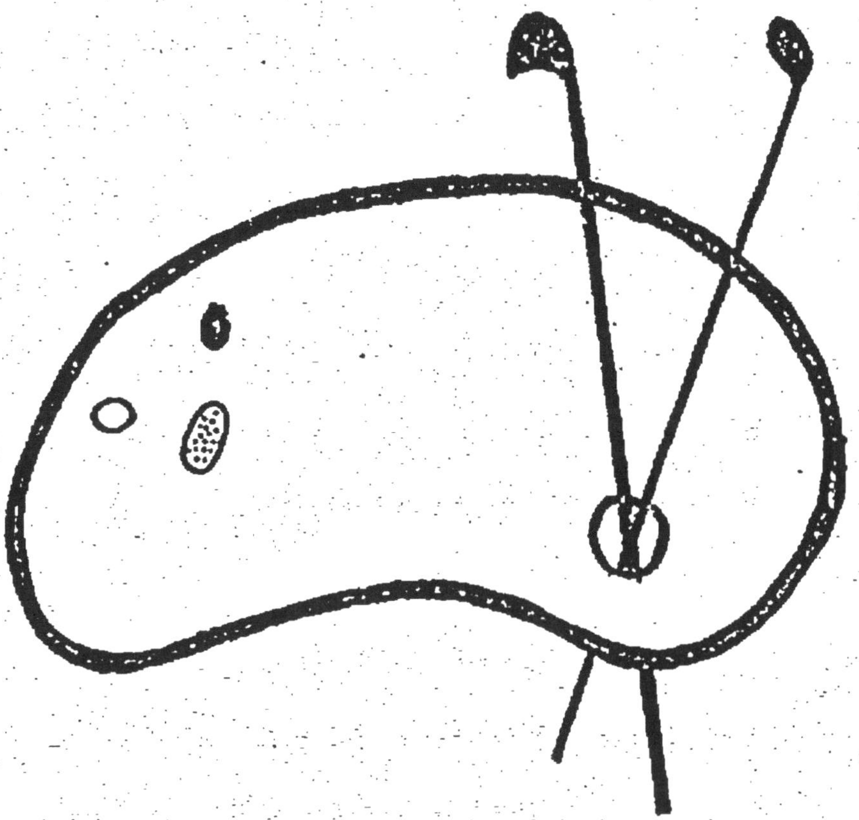

COUVERTURE SUPERIEURE ET INFERIEURE
EN COULEUR

DENSITÉ

DE LA

POPULATION RÉMOISE

PAR

MÉNAGES & LOGEMENTS

(Surpeuplement)

PAR LE DOCTEUR H. HOËL

Médecin de l'Hôtel-Dieu

Directeur du Bureau d'Hygiène et de Statistique

REIMS

IMPRIMERIE ET LITHOGRAPHIE MATOT-BRAINE

Henri MATOT, Fils et Successeur

6, Rue du Cadran-Saint-Pierre, 6

1898

IMPRIMERIE LITHOGRAPHIE
MATOT-BRAINE
REIMS

DENSITÉ

DE LA

POPULATION RÉMOISE

PAR

MÉNAGES & LOGEMENTS

(Surpeuplement)

PAR LE DOCTEUR H. HOËL

Médecin de l'Hôtel-Dieu

Directeur du Bureau d'Hygiène et de Statistique

REIMS

IMPRIMERIE ET LITHOGRAPHIE MATOT-BRAINE

Henri MATOT, Fils et Successeur

6, Rue du Cadran-Saint-Pierre, 6

—

1898

DENSITÉ DE LA POPULATION RÉMOISE

PAR

MÉNAGES & LOGEMENTS

(Surpeuplement)

Avant le dernier recensement, l'on pouvait savoir de combien de membres était constitué chaque ménage ; mais il était impossible de connaître le nombre de pièces qui composaient le logement habité par ce ménage. L'on savait la densité de la population par maisons, mais non par logements. Or, ce dernier ordre de renseignements est de première importance, car seul il nous permet de juger la grave question de l'encombrement, et de connaître dans quelles proportions exactes cet encombrement agit dans une ville par maisons, par rues, par quartiers. La densité par pièce habitée est loin d'être le seul facteur de la plus ou moins bonne hygiène des maisons : pour être complet, il nous faudrait aussi savoir la grandeur des pièces occupées, leur situation, leur aération, etc., etc. ; il faudrait tenir compte de l'étage occupé. Il n'en est pas moins vrai que cela est déjà beaucoup que de connaître le nombre de pièces habitées par familles, et que nous pourrons, comme on le verra, en tirer d'importantes conséquences.

Depuis quelques années déjà l'on avait cherché, en Allemagne, en Autriche, en Russie, à connaître le rapport du nombre d'habitants au nombre de pièces occupées. En 1891, la Ville de Paris, sur l'initiative de l'éminent démographe, J. Bertillon, avait pu, par une adjonction aux feuilles de recensement, arriver à un résultat précis. Enfin, en 1896, la même question « de combien de pièces se compose votre logement ? » a été posée à tous les chefs de famille dans toutes les communes de France. A Reims, le public, d'une façon générale, a répondu avec soin.

Nous rappellerons tout d'abord qu'en mars 1896, la population totale était de 108,000 habitants ; la population municipale de 100,200 habitants.

Si de ce dernier chiffre nous retirons les passagers, nous trouvons comme *population fixe* à Reims, 98,800 habitants.

C'est sur cette population que portent tous les renseignements et toutes les réflexions qui suivent :

Les 98,800 habitants habitent dans 443 rues.
— 10.884 maisons.
— 31.325 logements.

Considérons cette population au double point de vue *ménages et logements* (1) :

A. Ménages

De ces 31,325 ménages (*graphique 1*) :

5.892	se composent de....	1	seule personne.
7.770	—	2	personnes.
6.712	—	3	—
4.674	—	4	—
2.846	—	5	—
1.662	—	6	—
876	—	7	—
479	—	8	—
214	—	9	—
200	—	10	et plus.

Les ménages de 2 personnes sont donc les plus nombreux ; ils représentent plus du quart du chiffre total. Viennent ensuite les ménages de 3 personnes représentant le 1/5, puis ceux de 1 personne (près du 1/6) ; ceux de 4 personnes ne sont plus que le 1/7 ; les autres ménages ne donnent plus que des proportions faibles.

(1) Nous assimilons les ménages aux logements ; en réalité le même logement renferme souvent deux ménages ; mais, dans l'espèce, nous n'avons pas à tenir compte de ces faits : nous ne cherchons que la densité par logement.

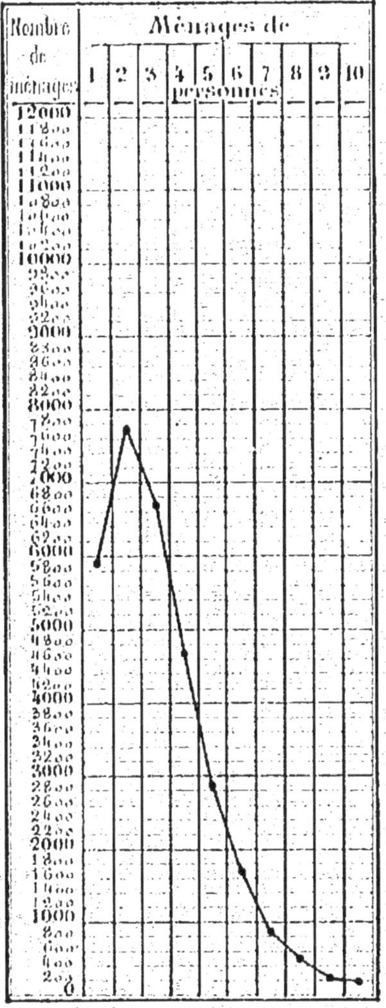

Ménages par nombre de personnes

Gr. 1

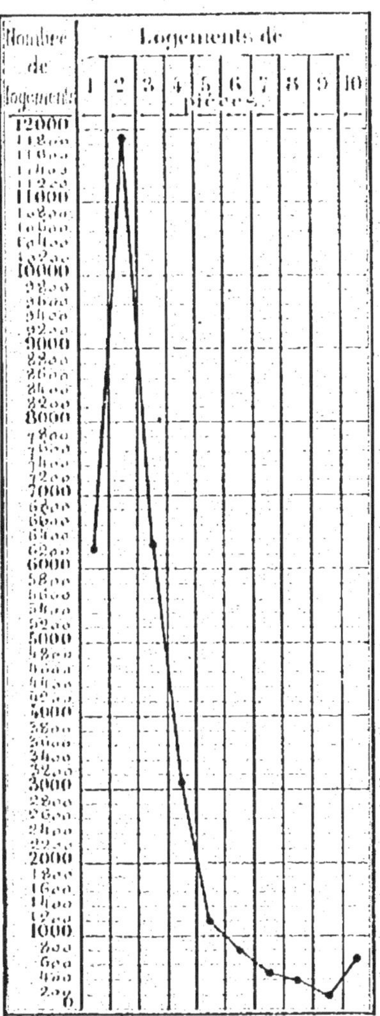

Logements par nombre de pièces

Gr. 2

Logements de une pièce.

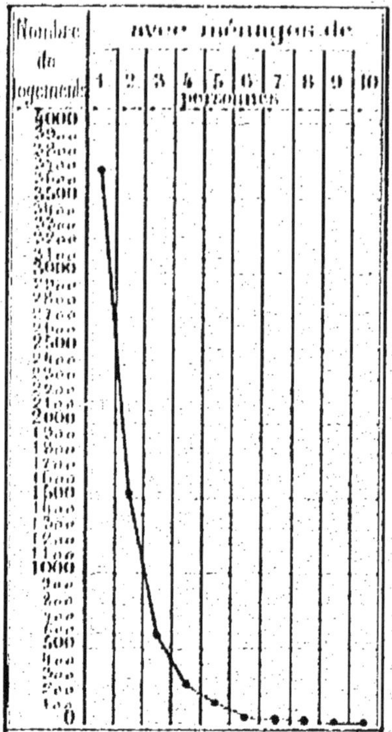

Logements de deux pièces.

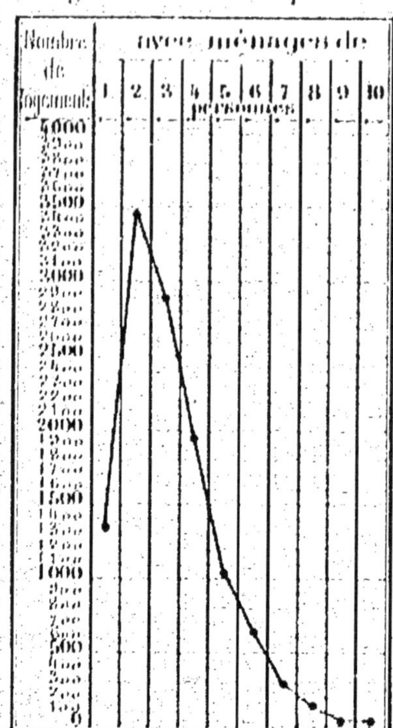

Logements de trois pièces.

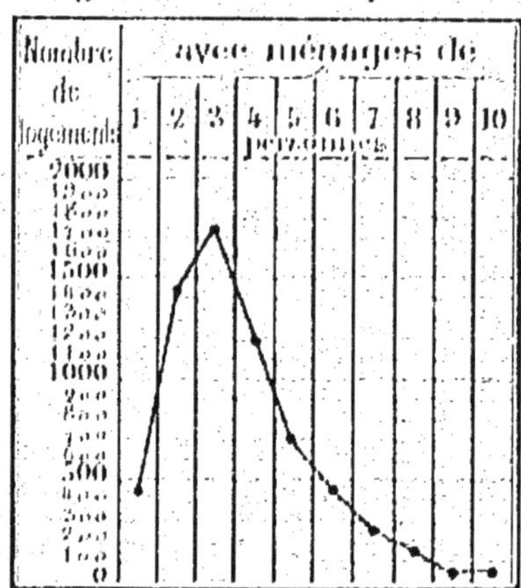

Logements de quatre pièces.

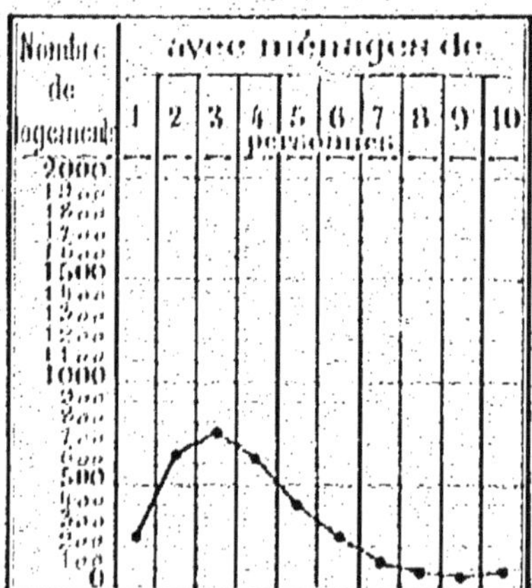

Gr. 8. — **Logements de 1, 2, 3, 4 pièces d'après le nombre d'individus qui les habitent**

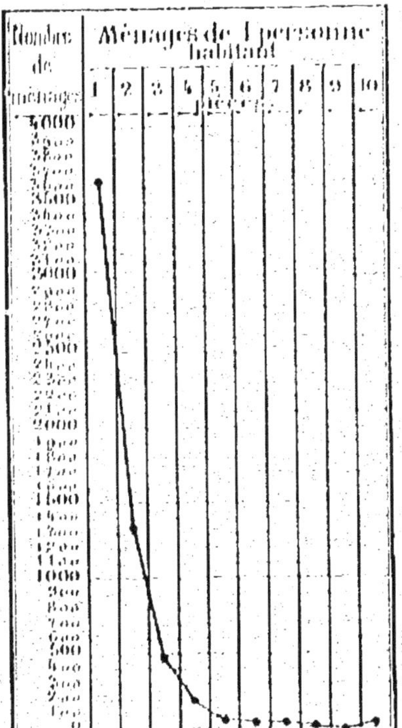

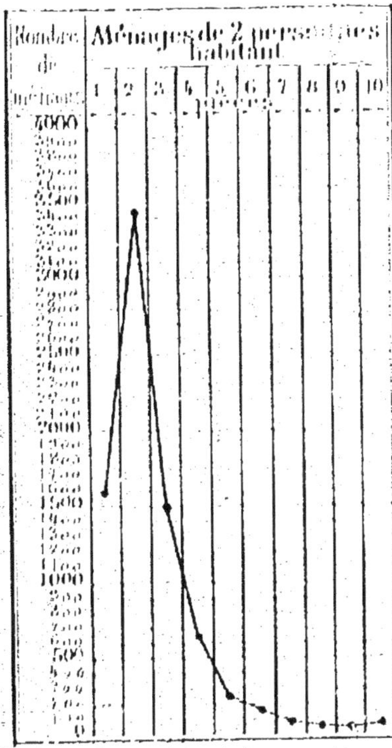

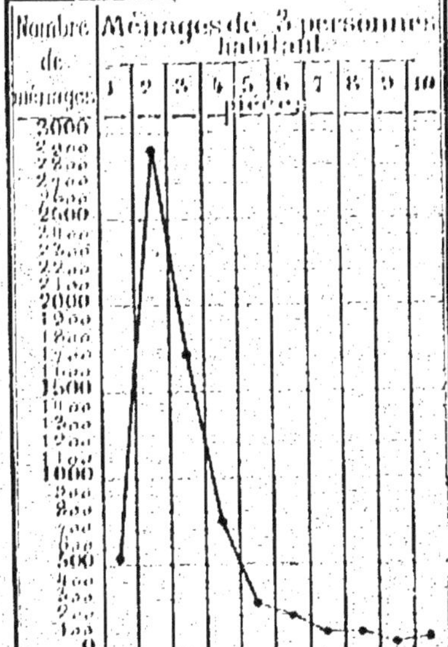

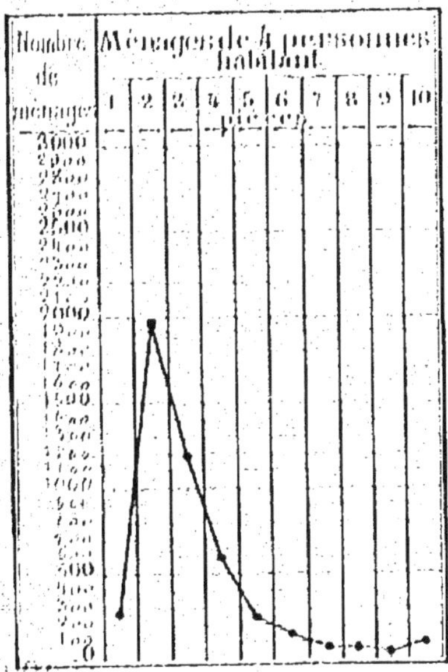

Gr. 1. — Ménages de 1, 2, 3, 4 personnes d'après le nombre de pièces habitées

B. Logements (*graphique 2*)

Si nous considérons ces ménages, non plus comme communautés, mais au point de vue du logement, et que nous divisions ces logements en catégories correspondant à 1, 2 3, 4, 5. 6, 7, 8, 9, 10 pièces, nous trouvons qu'il y a :

6.328	logements de	1 pièce,	habités pr	10.835	personnes.
11.909	—	2 —	—	37.868	—
6.392	—	3 —	—	22.682	—
3.064	—	4 —	—	11.260	—
1.196	—	5 —	—	4.742	—
788	—	6 —	—	3.224	—
440	—	7 —	—	1.825	—
400	—	8 —	—	1.852	—
189	—	9 —	—	1.009	—
619	—	10 et plus	—	3.510	p. au moins

De même que les ménages les plus nombreux étaient ceux de 2 personnes, les logements les plus nombreux sont ceux de 2 pièces.

Il n'y a aucun rapport entre le nombre des pièces habitées et le chiffre des habitants. Ainsi les logements d'une seule pièce forment le 1/5 des logements totaux, mais la population qui les habite ne représente que le 1/9 de la population totale. Pour les logements de 3 pièces et au-dessus, le rapport est inverse ; ainsi les logements de 3 pièces qui ne sont que le 1/5 des logements totaux renferment une population qui est près du 1/4 de la population totale. L'équilibre est établi par les logements de 2 pièces qui représentent plus du 1/3 des logements totaux et de la population totale.

		POURCENTAGE			
Logements de	1 pièce	= 20 o/o	des logements et	11 o/o	des habitants
—	2 —	= 38	—	36	—
—	3 —	= 20.4	—	23	—
—	4 —	= 9.8	—	11.3	—
—	5 —	= 3.8	—	5	—
—	6 —	= 2.5	—	3.2	—

Ménages & Logements par nombre de personnes & par nombre de pièces occupées

MÉNAGES DE	LOGEMENTS DE										TOTAUX
	1 PIÈCE	2 PIÈCES	3 PIÈCES	4 PIÈCES	5 PIÈCES	6 PIÈCES	7 PIÈCES	8 PIÈCES	9 PIÈCES	10 PIÈCES	
1 Personne.....	3.684	1.356	485	225	65	26	22	16	4	9	5 892
2 Personnes.. ..	1.587	3.472	1.444	658	241	157	77	55	21	58	7.770
3 —	580	2.902	1 717	741	266	194	101	100	33	78	6.712
4 —	273	1.938	1.197	606	235	138	80	71	43	93	4.674
5 —	142	1.055	705	387	166	115	75	51	34	116	2.846
6 —	36	651	415	213	94	66	43	43	18	83	1.662
7 —	16	284	224	113	63	44	20	30	21	61	876
8 —	6	154	121	62	41	25	9	18	5	38	479
9 —	3	62	51	32	14	11	5	5	3	28	214
10 —	1	35	33	27	11	12	8	11	7	55	200
TOTAUX......	6.328	11.909	6.392	3.064	1.196	788	440	400	189	619	31.325

Ainsi donc :

Le plus grand nombre de ménages est composé de 2 personnes;

Le plus grand nombre de logement est composé de 2 pièces;

Le plus grand nombre d'habitants logent dans les logements à 2 pièces.

Mais nous devons aller plus loin et étudier chaque catégorie de logements de 1, 2, 3, 4, 10 pièces.

(Voir le graphique 3 et lire les colonnes du tableau de haut en bas)

1° *Logements de 1 pièce* : **6.328**

Le plus grand nombre de ces logements, les 3/5, sont habités par des ménages de 1 seule personne.

En effet :

3.684	de ces logem. abritent	des ménages	de 1 per.,	soit	58	o/o
1.587	—	—	2	—	25	—
580	—	—	3	—	9	—
273	—	—	4	—	4	—
142	—	—	5	—	2	—
36	—	—	6	—	0.5	—

N'oublions pas que certains logements de 1 pièce sont occupés par des familles de 7, 8, 9 et même 11 personnes.

2° *Logements de 2 pièces* : **11.909**

1.356	sont habités par	1	personne,	soit	11 o/o
3.172	—	2	—	—	29 —
2.902	—	3	—	—	24 —
1.938	—	4	—	—	16 —
1.055	—	5	—	—	9 —
651	—	6	—	—	5 —

On voit combien dans les logements de 2 pièces, les ménages de 2 personnes prédominent ; viennent, à une petite distance, les ménages de 3 personnes.

3° *Logements de 3 pièces* ; 6.392

Il y en a :

485	avec ménages de	1	personne,	soit	7 o/o
1.444	—	2	—	—	23 —
1.717	—	3	—	—	27 —
1.197	—	4	—	—	19 —
705	—	5	—	—	11 —
415	—	6	—	—	6 —

Le plus grand nombre des logements à 3 pièces abritent des familles de 3 personnes.

4° *Logements de 4 pièces* : 3.064

Il y en a :

225	avec ménages de	1	personne,	soit	7 o/o
658	—	2	—	—	21 —
741	—	3	—	—	24 —
606	—	4	—	—	20 —
387	—	5	—	—	12 —
213	—	6	—	—	7 —

Au point de vue de l'hygiène, les logements de plus de 4 pièces nous intéressent moins, car ils sont le plus souvent occupés par une population aisée.

Ayant étudié les logements par rapport à leur population, voyons rapidement la contrepartie : les ménages par rapport au nombre de pièces. Nous serons bref ; il suffira de lire horizontalement les lignes du tableau et de comparer entre eux chacun des tableaux des graphiques 3 et 4 pour voir les analogies et les différences des chiffres et des courbes.

Les ménages de une *seule personne* habitent, nous l'avons vu, dans la plupart des cas (3/5) des logements de *une pièce*.

Les ménages de *deux* personnes logent dans la 1/2 des cas, dans des logis à *deux pièces*.

Ceux à *trois* personnes habitent le plus souvent (plus des 2/5) dans des logements de *deux pièces* ; et dans près de 1/4 seulement des logements de *3 pièces*.

Ce sont encore des logements de *deux pièces* qui abritent le plus grand nombre des ménages de quatre, cinq, six, et même sept, huit et neuf personnes.

Surpeuplement

Nous pouvons maintenant aborder la grave question du *surpeuplement.*

D'après le Dr Bertillon, tout logement est surpeuplé qui renferme un nombre d'habitants supérieur au *double* du nombre de pièces.

Ainsi un logement de 1 pièce est surpeuplé s'il renferme 3 hab. ou plus.
— 2 — 5 — —
— 3 — 7 — —
— 4 — 9 — —

Pour les logements de plus de 4 pièces, le dépouillement des feuilles de ménages ne nous permet pas de savoir quand il y a surpeuplement.

Voici les nombres exacts, par catégorie de logements, des logements surpeuplés et des habitants vivant dans l'encombrement. (*Voir graphique 5*).

	Nombre de logements surpeuplés	Nombre de personnes entassées	POURCENTAGE des logements surpeuplés	POURCENTAGE des personnes entassées
	—	—		
Logements de 1 pièce	1.665	4.000	26	36
— 2 —	2.241	13.140	18.8	34
— 3 —	429	3.325	6	14
— 4 —	59	570	2	5

Ce sont donc les logements de **une pièce** *et de* **deux pièces** *qui sont le plus souvent surpeuplés.*

A partir de *quatre pièces,* les logements surpeuplés se font rares, ainsi que la population encombrée.

Finalement, nous trouvons qu'il y a 3,794 logements surpeuplés, et que 21,000 personnes vivent ainsi dans l'encombrement.

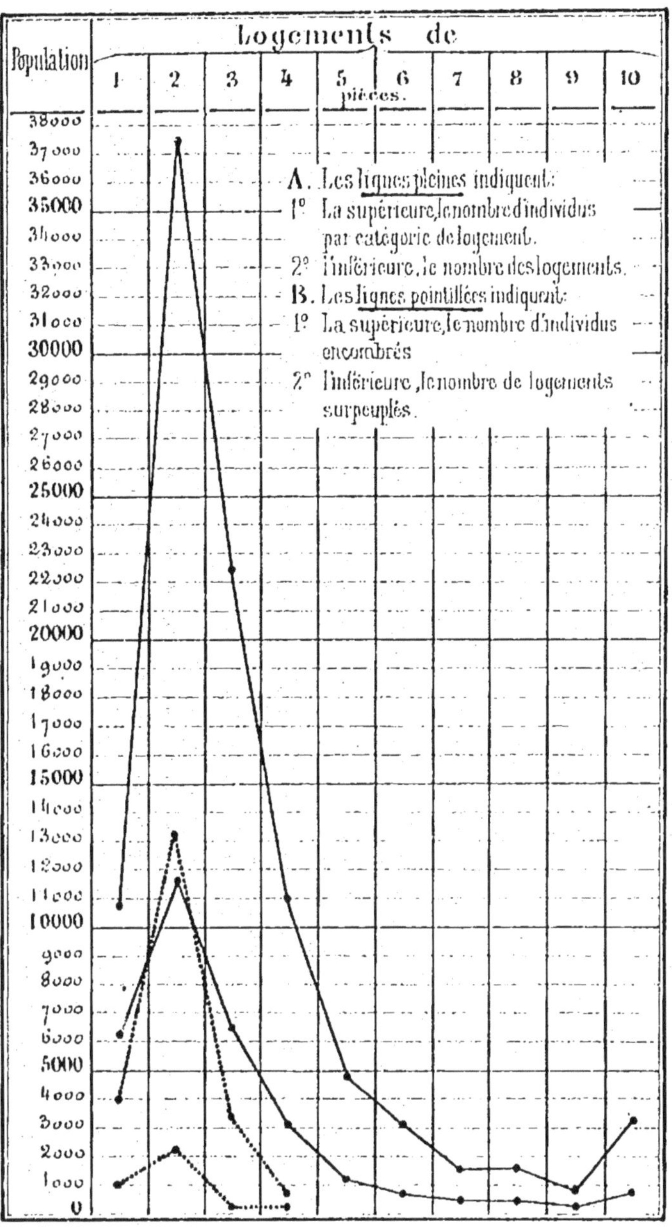

Gr. 5. — **Logements par nombre de pièces avec la population afférente à chaque catégorie de logement (surpeuplement)**

Il y a donc dans la ville de Reims 12 0/0 des logements qui sont surpeuplés et 21 0/0 des habitants qui vivent dans ces conditions déplorables.

A Paris, la proportion est beaucoup plus faible : pour 1891, M. Bertillon a trouvé que 14 0/0 des habitants vivaient dans des logements surpeuplés. Les résultats pour le recensement de 1896 sont encore inconnus.

Il n'est pas étonnant que la mortalité à Reims reste élevée.

Pour beaucoup de rues, en effet, l'on peut superposer la mortalité des habitants de cette rue et la densité de la population par logements. Exemple :

Rues	Mortalité moyenne	Logements surpeuplés	Population encombrée
—	—	—	—
Tournebonneau..	39.4 %	1/3	plus de la moitié.
Ruisselet........	39.2	1/5	près du 1/3.
Alsace-Lorraine..	38.4	1/5	près de la moitié.

Malheureusement, excepté pour les garnis où la loi d'ailleurs n'est guère appliquée, il est impossible, légalement, d'empêcher l'encombrement.

Seule l'extension des maisons ouvrières, saines et à bon marché, pourra obvier à cette effroyable conséquence de la misère des villes.

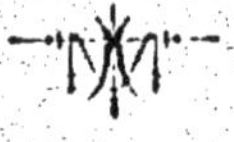

Reims. — Imprimerie MATOT-BRAINE, rue du Cadran-Saint-Pierre, 6.

www.ingramcontent.com/pod-product-compliance
Ingram Content Group UK Ltd.
Pitfield, Milton Keynes, MK11 3LW, UK
UKHW021152230726
13926UKWH00001B/53

9 782013 565615